Renate Ferber

Hundeleckerli selbst backen

Für Spiel und Spaß
Für die Ausbildung
Zum Verschenken

Oertel+Spörer

Bildnachweis
Titelbild und alle Innenteilbilder: Renate Ferber

Haftungsausschluss
Die Hinweise in diesem Buch wurden von der Autorin sorgfältig recher-
chiert und geprüft. Es können jedoch keinerlei Garantien übernommen
werden. Eine Haftung der Autorin bzw. des Verlags und seiner Beauftrag-
ten für Personen-, Sach- und Vermögensschäden ist ausgeschlossen. Sämt-
liche Teile des Werks sind urheberrechtlich geschützt. Jede Verwertung au-
ßerhalb der engen Grenzen des Urheberrechtsgesetzes ist ohne die
schriftliche Zustimmung des Verlags und der Autorin unzulässig und
strafbar. Dies gilt insbesondere für Vervielfältigungen, Übersetzungen,
Mikroverfilmungen und die Einspeicherung und Verarbeitung in elektro-
nischen Systemen.

Bibliografische Information der Deutschen Nationalbibliothek
Die Deutsche Nationalbibliothek verzeichnet diese Publikation in der
Deutschen Nationalbibliografie; detaillierte bibliografische Daten sind im
Internet über http://dnb.d-nb.de abrufbar.

© **Oertel+Spörer Verlags-GmbH+Co.KG · 2011**
Postfach 16 42, 72706 Reutlingen
Alle Rechte vorbehalten
Schrift: 9/11 pt Stone Serif
Lektorat: Dr. Gabriele Lehari
DTP und Repro: raff digital gmbh, Riederich
Druck und Bindung: Oertel+Spörer Druck und Medien-GmbH+Co., Riederich
Printed in Germany
ISBN 978-3-88627-836-7

Inhalt

Vorwort

Hundeleckerli – wie kommt man dazu, diese selbst herzustellen? Klare Antwort: Wenn man einen Hund hat, ihn erzieht, ausbildet, ihm Kunststückchen beibringt und mit dem Sortiment der im Handel angebotenen Leckerli nicht zufrieden ist.

Und so fing alles an: Wir – mein Mann und ich – wollten schon immer einen Hund. 1992 war es endlich so weit: Unser Labrador Retriever „Ivo Leif von der Pfalz" kam im Alter von acht Wochen zu uns. Ich hatte bis dahin schon einige Bücher über Hunde im Allgemeinem und speziell über die Hunderasse Labrador Retriever gelesen. Die meisten Bücher wiesen darauf hin, dass der Labrador Retriever eine gute, liebevolle Hundeerziehung und Ausbildung braucht. Also: Welpenschule und Begleithundausbildung.

Nach zweieinhalb Jahren langweilten wir uns. Ich war schon Mitglied im Deutschen Retriever Club (DRC), aber leider wurden damals noch keine Dummy-Kurse in unserer Region angeboten. Es gab aber bestimmt eine Weiterbildung, die uns, Hund und Frauchen, gefiel. So kamen wir 1994 zur BRH Rettungshundestaffel Mittlerer Neckar und waren dort neun Jahre aktiv.

Leif war Rettungshund in der Fläche und im Trümmerfeld. Die Ausbildung zum Rettungshund ist eine sehr zeitaufwendige und anspruchsvolle Freizeitbeschäftigung für Mensch und Hund. Sie macht aber auch sehr viel Freude und die Suche nach vermissten Menschen ist eine sinnvolle, gemeinnützige Beschäftigung. Die Ausbildung wird ein- bis zweimal pro Woche für jeweils vier bis sechs Stunden das ganze Jahr über, bis zum Ende als aktives Mitglied, auf Übungsgeländen und Waldgebieten ausgeübt. Jedes Jahr müssen die Prüfungen zum Rettungshund wiederholt werden, einmal in der Fläche und einmal im Trümmerfeld.

Da die Ausbildung über positive Verstärkung erfolgt, werden über die Jahre sehr viele Hundeleckerli benötigt. Auch in „Rente" wollte Leif immer noch etwas lernen, durch sein Alter durfte er aber nicht mehr alles fressen.

Heute haben wir zwei Hunde, eine Labrador-Mix-Hündin aus Spanien, Ida, und eine Labrador Retriever-Hündin, Charlotte Perle aus dem Schwabenland. Beide Hündinnen haben die Begleithundprüfung und Charlotte die Zuchtzulassung im Labrador Club Deutschland (LCD) mit Arbeitsprüfung Dummy A. Mit Charlotte nehme ich auch erfolgreich an Ausstellungen teil.

Bei der Erziehung durch positive Verstärkung setze ich Stimme und Leckerli ein. Da unsere Hündinnen sich beim Spazierengehen schnell langweilen, baue ich immer irgendwelche Spiel- und Erziehungseinheiten ein. Dazu brauche ich nicht nur Dummys, Bälle, Holzstapel und so weiter, sondern auch Leckerli, die bestimmte Anforderungen erfüllen. So fing ich an, Leckerli zu backen.

> **!**
>
> **Hinweis**
> Die meisten Rezepte in diesem Buch backe ich schon sehr lange, manche schon seit über zehn Jahren. Die unterschiedlichsten Hunde der verschiedensten Rassen jeden Alters – von acht Wochen bis 16 Jahre – haben schon die Leckerli nach meinen Rezepten probiert und für gut befunden.
> Es ist aber nicht auszuschließen, dass bei dem einen oder anderen Hund, der vielleicht allergisch auf bestimmte Lebensmittel reagiert, eine Unverträglichkeit vorkommen kann. Dafür können weder der Verlag noch ich als Autorin eine Haftung übernehmen.

Das ideale Leckerli

Bevor man sich daran setzt, die Leckereien für den Hund selbst zu backen, sollte man sich überlegen, was eigentlich das richtige Leckerli auszeichnet. Welche Anforderungen müssen also Leckerli erfüllen, die bei der Erziehung und der Ausbildung von Hunden oder im Ausstellungsring verwendet werden?

- Leckerli sollen geschmacklich etwas Besonderes für unsere Hunde sein, aber dürfen nicht zu kalorienreich sein.
- Sie sollen keine schädlichen Inhaltsstoffe haben.
- Zucker sollte nicht noch zusätzlich und Salz so wenig wie möglich darin enthalten sein.
- Leckerli sollen klein sein, sodass der Hund sie auf einmal schlucken kann und nicht kauen muss.
- Sie sollen nicht krümeln. Dies wäre schlecht, da der eigene und die nachfolgenden Hunde auf dem Boden nach den Krümeln suchen würden.
- Leckerli sollen nicht zu intensiv riechen, da das sowohl den eigenen Hund als auch die anderen anwesenden Hunde ablenken könnte, wodurch die Ausbildung erschwert würde.
- Sie sollen eher fest und nicht schmierig sein, sonst riecht die Hand des Hundeführers zu stark. Der Hund wäre unnötig abgelenkt. Außerdem ist es auch sehr unangenehm, sich mit einer klebrigen Hand bei der Ausbildungsleitung oder dem Ringrichter zu bedanken.
- Die Leckerli sollen eine längere Zeit haltbar sein, sodass in der Jacke oder dem Leckerli-Beutel vergessene Leckerli nicht verderben oder anfangen, unangenehm zu riechen.
- Selbstgemachte Leckerli sollen schnell und ohne großen Aufwand mit Zutaten, die es im Handel gibt, in unterschiedlichen Geschmacksrichtungen herzustellen sein.

Kleine Zutatenliste von A bis Z

Abwechslung: Auch das beste Leckerli wird langweilig, wenn es immer gleich schmeckt. Deshalb lieber kleinere Mengen von verschiedenen Geschmacksrichtungen anbieten.

Bioprodukte: Da für die Leckerli nur wenige Zutatenanteile und -mengen gebraucht werden, sollten Sie sich bei der Auswahl der Zutaten für Bio-erzeugnisse als die bessere Alternative entscheiden. Wir stecken ja auch Arbeit in die Herstellung unserer Hundebackwaren und erhalten dadurch höherwertige Endprodukte.

Eier: Hühnereier sind gut für Haut und Haar. Ältere Hunde vertragen besser tierische Eiweiße von lebendigen Tieren als deren Fleisch. Bitte denken Sie auch hier daran, Bio-Eier zu verwenden!

Fisch: Fisch riecht für Hunde unwiderstehlich. Fisch besitzt viele lebenswichtige Inhaltsstoffe, enthält aber auch sehr viel Protein und der Fettgehalt kann – je nach Fischart – ebenso hoch sein. Bitte wählen Sie beim Kauf nur Fisch aus nachhaltiger Fischerei. Das ist an dem blauen Gütesiegel zu erkennen.

Fleisch: Fleisch ist für unsere Hunde sehr wichtig. Jedoch können manche Fleischsorten Allergien auslösen, deshalb verwende ich kein Schweinefleisch. Geflügel und Lammfleisch sollen besser verträglich sein. Je magerer das Fleisch ist, umso weniger besteht die Gefahr, dass die Leckerli ranzig werden. Bitte bedenken Sie, das Fleisch kommt von Tieren, deshalb kein Fleisch aus Massen-Tierhaltungen kaufen. Auch hier ist Bio-Fleisch die bessere Wahl.

Gemüse: Gemüse enthält Vitamine, Spurenelemente und hat einen hohen Rohfaseranteil. Aber nicht alle Gemüsesorten sind für unsere Hunde geeignet. Kohlsorten sind oft stark blähend. In Zwiebeln und Avocados sind Stoffe enthalten, die für unsere Hunde giftig sind. Kartoffeln dürfen nur gekocht in den Rezepten verwendet werden.

Glutenfrei: Für allergisch reagierende Hunde sollte man nicht zu viele verschiedene Zutaten zusammenmischen. Halten Sie diesbezüglich lieber Rücksprache mit Ihrem Tierarzt und probieren Sie gegebenenfalls die glutenfreien Rezepte aus.

Haferflocken: Haferflocken enthalten zum größten Teil Kohlenhydrate, Ballaststoffe und pflanzliches Eiweiß. Vitamin B1, B6, E, Eisen, Zink und Kalzium sind auch Inhaltstoffe von Haferflocken. Diese Bestandteile wirken sich positiv auf den Hundestoffwechsel aus.

Hefe: Trockenhefe verwende ich sehr gern, da sie länger haltbar ist als frische Hefe, außerdem entfällt der Vorteig. Wenn man glutenfreie Leckerli backen möchte, sollte unbedingt die frische Hefe oder eine spezielle glutenfreie Bio-Trockenhefe verwendet werden. Hefe enthält Mineralstoffe und B-Vitamine, die positiv auf den Stoffwechsel und das Haarkleid wirken.

Käse: Käse ist für unsere Hunde ein Genuss. Er enthält viel Kalzium, aber auch viele Kalorien. Die meisten Käsesorten eignen sich durch ihren hohen Natriumgehalt nicht zum Backen von Hundeleckerli, da mit den im Käse enthaltenen Aminen schädliche Nitrosamine entstehen können. Deshalb ist eine Backtemperatur bei Leckerli nur bis 175 °C ratsam. Käsesorten mit wenig Natrium sind in der Regel: Emmentaler, Bergkäse und Appenzeller (0,1 bis 0,2 g Natrium in 100 g Käse). Angaben zu dem Natriumgehalt stehen jeweils in der Nährwerttabelle auf den Verpackungen.

Kalzium: Da Mehl und Fleisch einen höheren Phosphorgehalt haben, gibt es als Ausgleich Futterkalk oder Kalziumtabletten beziehungsweise -kapseln. Ich nehme am liebsten Kalziumkapseln (man kann die Kapselhälften gut auseinander ziehen und den Inhalt in den Teig geben). Zwei Kapseln (250 mg Kalzium pro Kapsel) entsprechen etwa ½ Teelöffel Futterkalk. Die zerkleinerte Schale von Eiern eignet sich nicht für meine Rezepte, da sich Eierschalen nicht zu Pulver zerkleinern lassen. Nehmen Sie von den Kalziumpräparaten nicht zu viel, denn dies kann auf Dauer schädlich sein.

Magerquark und Joghurt: Diese Molkereiprodukte enthalten Kalzium, tierisches Eiweiß, Phosphor, Natrium, Mineralstoffe und wichtige Vitamine. Magerquark ist meistens sehr gut verträglich. Bio-Magerquark und -Joghurt gibt es in jeder Kühltheke.

Mehl: Für einen Hefeteig braucht man Mehl. Es gibt verschiedene Mehlsorten, die ich in zwei Hautgruppen einteile: Mehlsorten mit Gluten und glutenfreie Mehlsorten. Bei Hunden mit einer empfindlichen Verdauung sollten eher die glutenfreien Mehle verwendet werden (bitte fragen Sie auch Ihren Tierarzt). Zu den Mehlen mit Gluten gehören alle Weizenmehle, alle Roggenmehle sowie Dinkel-, Gerste- und Hafermehl. Glutenfreie Mehle sind Buchweizenmehl, Hirsemehl, Maismehl, Reismehl und Sojamehl (Letzteres aber nur als Zusatz, nicht als Hauptmehl zu verwenden). Bitte achten Sie bei allen Sorten darauf, dass das Mehl so frisch wie möglich ist. Verwendet man Bioprodukte, gelangen die wenigsten Pestizide in unsere Leckerli.

Maisgrieß: Maisgrieß wird, wie sein Name schon sagt, aus besonderem Mais gemahlen und ist ein glutenfreies Getreideprodukt. Gekochten Maisgrieß kennt man unter dem Namen Polenta. Ich verwende Maisgrieß sehr gern als zusätzliches Bindemittel in den Hundeleckerli.

Nudeln: Bei Nudeln unterscheidet man Produkte aus Hartweizengrieß und Wasser von Produkten, die zudem auch noch Ei enthalten. Um in unseren Leckerli verwendet zu werden, müssen die Nudeln gekocht sein. Bei Nudeln, die als glutenfrei verkauft werden, muss der Zusatz „glutenfrei" auf der Verpackung angegeben sein.

Nüsse: Walnüsse und Haselnüsse sind konzentrierte Energieversorger. Sie enthalten wichtige Mineralstoffe, Vitamine, pflanzliches Eiweiß und Spurenelemente. Leider reagieren manche Hunde allergisch auf Nüsse. Falls Sie sich nicht sicher sind, ob Ihr Hund dazugehört, verwenden Sie nur Rezepte ohne Nüsse. Nüsse sollten nicht zu lange gelagert werden, da sie schnell ranzig werden. Alte und bitter schmeckende Nüsse gehören in den Abfall, den sie könnten mit gefährlichen Schimmelpilzen befallen sein.

Obst: Im Obst sind Vitamine, Spurenelemente und ein hoher Rohfaseranteil enthalten. Da Hunde aber nicht von allen Obstsorten zu begeistern sind, verwende ich in den Rezepten nur Äpfel, Birnen und Bananen. Trauben sind für Hunde nicht geeignet.

Öl: Ich verwende vorrangig die Pflanzenöl-Sorten Rapsöl, Sonnenblumenöl, Distelöl, Maiskeimöl und Olivenöl, die bis 175 °C erwärmt werden dürfen. Auf dem Etikett sollte stehen: Zum Backen und Kochen bis 175 °C oder höhere Temperatur. Wenn dies nicht auf dem Etikett steht, nicht zum Backen der Leckerli verwenden. Die genannten Öle bestehen etwa zu 92 Prozent aus Fett. Dieses Fett teilt sich, je nach Sorte, in mehr oder weniger große Anteile von gesättigten, einfach ungesättigten und mehrfach ungesättigten Fettsäuren auf. Diese Fettsäuren enthalten essenzielle Omega-3-

und Omega-6-Fettsäuren. Gesättigte und ungesättigte Fettsäuren liefern Energie, sind für das Immunsystem sehr wichtig und werden für viele Stoffwechselabläufe des Hundes benötigt. Alle Pflanzenöle sollen dunkel bei Raumtemperatur und nicht zu lange gelagert werden. Wenn das im Rezept verwendete Öl nicht zur Hand ist, kann es durch ein anderes Pflanzenöl aus der Liste ersetzt werden.

Reis: Reis ist magenschonend, enthält wichtige Nährstoffe, Vitamine und Mineralstoffe. Reis wird nur gekocht in Leckerli-Rezepten verwendet.

Wasser: Wasser ist für einen Hefeteig immer wichtig. Manche Zutaten enthalten jedoch genug Wasseranteile, sodass kein Wasser mehr hinzugefügt werden muss. Wasser sollte lauwarm, mit etwa 40 bis 50 °C zum Teig oder mit 30 bis 40 °C zum Vorteig, gegeben werden. Ist das zugegebene Wasser zu heiß, sterben die Hefepilze ab und der Hefeteig wird nicht größer (geht nicht auf). Ist das Wasser zu kalt, werden die Hefebakterien nicht angeregt und der Teig geht nicht in der gewünschten Weise auf.

Zusätze: Zusätze wie Bierhefe, Lachsöl, Grünlippmuschel-Extrakt, Apfelessig und so weiter füge ich dem täglichen Hundefutter zu, so kann ich die Zusätze besser und gezielt dosieren.

Notwendige Küchengeräte

Natürlich sind für das Zubereiten und Backen auch verschiedene Küchengeräte notwendig, die aber in der Regel in jedem gut sortierten Haushalt vorhanden sind. Alle erforderlichen Geräte sind im Folgenden aufgelistet.

Wichtige Hilfsgeräte
- Elektrischer Zerkleinerer (oder Küchenmaschine mit Zerkleinerermesser)
- Backofen
- Backblech (am besten zwei Stück)
- Küchenwaage
- Backpapier
- Nudelholz (Teigausroller)
- Topflappen oder -handschuhe
- Messbecher
- Schüssel (am besten hitzebeständig)
- Pizzaschneider (Teigrad)
- Einmalhandschuhe
- Esslöffel
- Gitterrost
- ggf. Schere und Pinsel
- Holzlöffel oder Holzstück

Tipps und Tricks

Im Rezeptteil dieses Buches sind zwanzig verschiedene Rezepte – teilweise glutenfrei – zusammengestellt, sodass sicherlich für jeden Geschmack etwas dabei ist. Im hinteren Teil des Buches finden Sie dann noch ein paar andere Ideen, wie Sie die Leckerli schön verpacken und verschenken können oder wie man sie bei Spiel und Arbeit auf etwas andere Art einsetzen kann.

Um nicht während des Herstellens der Leckerli im Buch blättern zu müssen, habe ich zu jedem Rezept auch den Arbeitsablauf genau beschrieben.

Es ist sehr sinnvoll, wenn Sie vor der Zubereitung alle Zutaten und Gerätschaften schon mal bereitstellen.

Leckerli, die noch nicht gut durchgetrocknet sind, die Sie aber verschenken möchten, bitte in einen kleinen Baumwollbeutel (siehe Geschenkideen) legen und mit einem Bändchen verschließen. So können die Leckerli noch beim Beschenkten nachtrocknen, falls sie nicht schon schneller im Hundebauch verschwinden.

Hier noch einige allgemeine Tipps für die Zubereitung:

- Anstatt mit der Hand kann der jeweilige Teig auch mit einer Küchenmaschine geknetet werden. Wird der Teig zu weich, können Sie noch etwas Mehl (Typ nach Rezept) dazugeben, aber nicht zu viel, da sonst die Leckerli nach Mehl schmecken.

- Wird ein Teig aus Roggenmehl zu klebrig, fügen Sie noch etwas Weizenmehl hinzu.

- Manche Hunde vertragen einen zu hohen Mehlanteil nicht. Falls Sie sich nicht sicher sind, ob Ihr Hund das verträgt, fragen Sie bitte Ihren Tierarzt, bevor Sie Rezepte nachbacken.

- Ist der Teig zu trocken, geben Sie vorsichtig mit einem Löffel etwas Wasser hinzu.

- Manche Backpapiere nehmen beim Ausrollen sehr viel Flüssigkeit vom Teig auf. Dadurch werden diese Backpapiere sehr weich und knitterig. Ziehen Sie das Backpapier dann mehrmals beim Ausrollen vorsichtig vom Teig ab, versetzen es jeweils um 90 Grad, legen es wieder auf und rollen Sie weiter aus, bis die gewünschte Stärke erreicht ist. Wenn dies auch nicht hilft, verwenden Sie neues Backpapier.

- Für das Zuschneiden der kleinen Leckerli ist ein Pizzaschneider besser geeignet als ein gewelltes Teigrad, da der Teig an dem Pizzaschneider nicht so schnell anhaftet und vom Backpapier abhebt. Wenn Sie jedoch größere Plätzchen (Dreiecke und Rauten) oder zum Beispiel Pommes-Leckerli zuschneiden wollen, sehen diese schöner aus, wenn sie mit dem gewellten Teigrad hergestellt werden.

- Ausstech-Plätzchen bleiben auf dem Backpapier liegen und der Teig drum herum wird entfernt. So behalten die Ausstecherle ihre Form.

- Bei länglichen Leckerli kann nach dem Backen mit einer Schere der kurze Schnitt gemacht werden.

- Wenn der Teig geteilt wird und man dann eine Hälfte mit Tomatenmark einfärbt, können Plätzchen mit zwei Farben hergestellt werden. Dazu die beiden Teighälften 1 und 2 (eingefärbt) ausrollen. Dann den

13

Teig 2 auf den Teig 1 legen, das Ganze aufrollen und in Scheiben schneiden. So erhalten Sie zweifarbige Plätzchen.

- Wenn nach dem Backen zu viel Mehl an den Leckerli haftet, vor dem Durchbrechen mit einem Pinsel abbürsten.
- Die Einmalhandschuhe bewahren unsere Hände vor unangenehmen Gerüchen, man denke nur an einen fischhaltigen Teig. Wenn Einmalhandschuhe beim Kneten des Teiges verwendet werden, bleiben die Hände und Fingernägel außerdem sauber.
- Eine hübsche Variante ist, wenn bei größeren Hundeleckerli vor dem Backen mit einem Keks-Stempel oder einem Keks-Prägeset (gibt es in Haushaltsabteilungen und können auch im Internet bestellt werden; sie bestehen aus einzelnen Buchstaben, welche zusammengesteckt werden) zum Beispiel Begriffe für die Geschmacksrichtung wie Käse oder Leber oder der Name des Hundes eingestempelt wird.

! Hinweis

Die Leckerli von den Rezepten in meinem Buch sind keine Vollnahrung für Hunde, sondern gelten als Ergänzungsfuttermittel. Ergänzungsfuttermittel für Hunde sollten nicht mehr als 10 Prozent der Nahrungsaufnahme des Hundes betragen. Denken Sie bitte daran, die Haupt- beziehungsweise Vollnahrung um den Anteil der Ergänzungsfuttermittel zu kürzen, damit Ihr Hund nicht zunimmt und zum Pummelchen wird.

Leckere Rezepte für jeden Geschmack

Die Rezepte sind dadurch entstanden, dass ich kleine Belohnungshappen in verschiedenen Geschmacksrichtungen haben wollte. Bei der Entwicklung eines neuen Rezeptes sind meine Hunde mit dabei. Wenn der Teig gut durchgeknetet ist, dürfen sie immer ein wenig probieren. Charlotte ist von allem gleich sehr begeistert, aber Ida ist da schon etwas wählerischer veranlagt. Falls also Hundedame Ida noch nicht voll begeistert mit ihrem Schwanz wedelt und Nachschub verlangt, muss mein neues Rezept noch verbessert werden. Bis jetzt ist mir dies gelungen.

Hundegeschmäcker können sehr unterschiedlich sein und manchmal muss probiert werden, was ankommt. Die Rezepte sehen durch ihre fast identische Herstellungsart – was gewollt ist – auf den ersten Blick ziemlich ähnlich aus, sind aber durch ihre Zutaten sehr unterschiedlich im Geschmack. Sie können selbst einmal kosten und werden feststellen, dass manche Rezepte auch Ihnen schmecken und andere wirklich nur Ihrem Hund. Es ist bestimmt für jeden etwas dabei.

Die Rezepte eignen sich nicht nur für kleine Leckerli, sondern auch für größere Plätzchen. Schneiden Sie hiefür größere Dreiecke, Rauten oder lange Stangen anstatt der 1 x 1 cm großen Quadrate zu. Verwenden Sie dazu das gewellte Teigrad.

Wenn Sie Plätzchen ausstechen wollen, lassen Sie die ausgestochenen Formen auf dem Backpapier liegen und entfernen Sie den überschüssigen Teig. Mit einer kleinen Abwandlung des Rezeptes „Gemüse zum Knabbern" (siehe Seite 20) können Sie wunderschönes Spritzgebackenes herstellen.

Ich wünsche viel Spaß beim Nachbacken und begeisterte Hunde!

!

Für alle Rezepte gilt
- Verwenden Sie beim Kneten, Teilen und so weiter des Teiges Einmalhandschuhe. Dadurch bleiben Ihre Hände sauber und nehmen nicht den Geruch des Teiges an.
- Die optimale Backofentemperatur beträgt 175 °C (Heißluft 160 °C, Gas Stufe 2).
- Der Backofen sollte etwa 10 Minuten lang vorgeheizt werden.
- Alle Leckerli sollten nach der Zubereitung noch gut trocknen, bevor sie aufbewahrt werden.
- Wenn Teigränder zu dünn ausgerollt werden, können sie verbrennen. Verbrannte Stellern sollten nicht verfüttert werden.

Dinkel-Seelachs-Stückchen

Zutaten

350 g Dinkelvollkornmehl
1 Päckchen Trockenhefe
50 g Haferflocken
200 g Seelachs (frisch oder aus der Kühltruhe, naturbelassen, im Kühlschrank aufgetaut)
100 g Tomatenmark
200 ml lauwarmes Wasser (40 bis 50 °C)
7,5 EL Rapsöl
½ TL Futterkalk (oder 2 Kalziumkapseln à 250 mg reines Kalzium)
3 bis 4 Backpapierblätter (auf Blechgröße zugeschnitten)

Zubereitung

Haferfocken im Zerkleinerer sehr klein schneiden. Das Dinkelvollkornmehl in die Rührschüssel geben. Hefe, Futterkalk und Haferflocken mit Mehl vermischen. Tomatenmark, Wasser und Rapsöl in die Rührschüssel geben. Alles gut durchkneten. Eine Stunde zugedeckt an zugfreier Stelle ruhen lassen.

Den Backofen vorheizen. Abgetrockneten Seelachs im Zerkleinerer pürieren, zum Teig geben und den Teig gut kneten. Teig teilen und die eine Hälfte wieder zudecken. Die andere Hälfte zwischen zwei Backpapierblätter legen und mit dem Nudelholz dünn (etwa 3 mm) ausrollen. Vorsichtig eine Backpapierseite entfernen. Verbleibendes Backpapier mit Teig auf das Backblech legen. Den Teig mit dem Pizzaschneider in etwa 1 x 1 cm große Quadrate oder nach Wunsch in größere Stücke schneiden (Backpapier sollte nicht zerschnitten werden). Noch einmal 10 bis 15 Minuten ruhen lassen.

Das Backblech in das zweite Backofenschubfach von unten schieben. Während des Backvorganges zwei- bis dreimal kurz die Backofentür öffnen. (So kann die Feuchtigkeit entweichen. Achtung: Dampf ist heiß.) Die zweite Teighälfte vorbereiten (ein zweites Backblech ist vorteilhaft).

Nach dem Backen die Leckerli noch als Ganzes, ohne das Backpapier, auf einen Gitterrost legen und auskühlen lassen. Anschließend an den Schnittkanten auseinander brechen. Die Leckerli auf einem oder zwei Backbleche verteilen und bei 50 °C im leicht geöffneten Herd (hierfür einen Holzkochlöffel in die Ofentür legen) ein bis zwei Stunden trocknen lassen. Noch einen Tag offen nachtrocknen, bis sie ganz fest sind.

Haltbarkeit
gut getrocknet und luftdicht verpackt zwei Monate haltbar

Backzeit
25 bis 30 Minuten

Hinweis

Diese Sorte kommt sehr gut an. Vor allem zu Weihnachten muss ich sie öfter backen.

Fisch-Mais-Häppchen (glutenfrei)

Zutaten

300 g Maismehl
1 Würfel (42 g) Frischhefe
5 EL warmes Wasser (etwa 40 °C)
200 g Seelachs (frisch oder aus der Kühltruhe, naturbelassen, im Kühlschrank aufgetaut)
200 ml lauwarmes Wasser (40 bis 50 °C)
7,5 EL Distelöl
1 rohes Ei
½ TL Futterkalk (oder 2 Kalziumkapseln à 250 mg reines Kalzium)
3 bis 4 Backpapierblätter (auf Blechgröße zugeschnitten)

Zubereitung

Das Maismehl in eine hitzebeständige Rührschüssel geben, eine Vertiefung formen und im Backofen auf 50 °C vorwärmen. 5 EL warmes Wasser mit Hefe verrühren und in die Mehlvertiefung geben. Abdecken und 15 Minuten an zugfreier Stelle ruhen lassen (falls die Hefe nicht aufgeht, ist das nicht schlimm).

Die Schüssel herausnehmen und die Backofentemperatur auf 175 °C erhöhen. Seelachs im Zerkleinerer zu Mus pürieren. Das Fischmus, Futterkalk, 200 ml lauwarmes Wasser, Ei und Öl zum Mehl und der Hefe geben. Alles gut durchkneten. Den Teig teilen und die eine Hälfte wieder zudecken. Die andere Hälfte zwischen zwei Backpapierblätter legen und mit dem Nudelholz dünn (etwa 3 mm) ausrollen. Vorsichtig eine Backpapierseite entfernen. Verbleibendes Backpapier mit Teig auf das Backblech legen. Den Teig mit einem Pizzaschneider in etwa 0,5 x 0,5 bis 1 x 1 cm große Quadrate schneiden (Backpapier sollte nicht zerschnitten werden). 10 bis 15 Minuten ruhen lassen.

Das Backblech in das zweite Backofenschubfach von unten schieben. Während des Backvorganges zwei- bis dreimal kurz die Backofentür öffnen. (So kann die Feuchtigkeit entweichen. Achtung: Dampf ist heiß.) Die zweite Teighälfte vorbereiten (ein zweites Backblech ist vorteilhaft).

Nach dem Backen die Leckerli noch als Ganzes, ohne das Backpapier, auf einen Gitterrost legen und auskühlen lassen. Anschließend an den Schnittkanten auseinander brechen. Die Leckerli am besten noch ein bis zwei Tage auf einem Backblech ausgebreitet trocknen lassen, bis sie ganz fest sind.

Haltbarkeit
gut getrocknet und luftdicht verpackt zwei Monate haltbar

Backzeit
25 bis 30 Minuten

Variante

Statt 200 ml nur 150 ml lauwarmes Wasser und 100 g Tomatenmark verwenden.

Gemüse zum Knabbern (glutenfrei)

Zutaten

200 g Vollkorn-Braunhirsemehl
300 g Vollkorn-Buchweizenmehl
50 g Reismehl (oder 100 g pürierter gekochter Reis)
50 g Maisgrieß
½ Würfel (21 g) Frischhefe
5 EL warmes Wasser (etwa 40 °C)
150 g aufgetautes Tiefkühl-Mischgemüse (Erbsen, Karotten und Mais, ohne Zusätze)
60 g geputzter, gewaschener, roter Gemüsepaprika
60 g passierte Tomaten (oder 60 g gewaschene, pürierte Tomaten, vorher den Stielansatz entfernen)
100 g gekochte, geschälte und zerdrückte Kartoffeln
2 EL Olivenöl
½ TL Futterkalk (oder 2 Kalziumkapseln à 250 mg reines Kalzium)
etwas Braunhirsemehl (oder Buchweizenmehl) zum Bestäuben
3 bis 4 Backpapierblätter (auf Blechgröße zugeschnitten)

Zubereitung

Braunhirse, Buchweizen, Reismehl, Futterkalk und Maisgrieß in eine hitze-beständige Rührschüssel geben, gut vermischen, eine Vertiefung formen und im Backofen auf 50 °C vorwärmen. 5 EL warmes Wasser mit der Hefe verrühren und in die Mehlvertiefung geben. Abdecken und 15 Minuten an zugfreier Stelle ruhen lassen (falls Hefe nicht aufgeht, ist das nicht schlimm).

Die Schüssel herausnehmen und die Backofentemperatur auf 175 °C er-höhen. Aus Mischgemüse und Paprika im Zerkleinerer einen Gemüsebrei herstellen. Brei, Tomaten, zerdrückte Kartoffel und Öl in eine Rührschüssel geben und alles gut durchkneten. Eine halbe Stunde an einer zugfreien, war-men Stelle ruhen lassen. Den Teig teilen und die eine Hälfte wieder in die Rührschüssel geben. Die andere Hälfte auf ein bemehltes Backpapier legen, Teig auch bemehlen, zweites Backpapier auflegen und mit dem Nudelholz dünn (etwa 3 mm) ausrollen. Vorsichtig eine Backpapierseite entfernen. Verbleibendes Backpapier mit Teig auf ein Backblech legen. Den Teig mit dem Pizzaschneider in etwa 0,5 x 0,5 bis 1 x 1 cm große Quadrate schneiden (Backpapier sollte nicht zerschnitten werden). 10 Minuten ruhen lassen.

Das Backblech in das zweite Backofenschubfach von unten schieben. Während des Backvorganges zwei- bis dreimal kurz die Backofentür öffnen. (So kann die Feuchtigkeit entweichen. Achtung: Dampf ist heiß.) Die zweite Teighälfte vorbereiten (ein zweites Backblech ist vorteilhaft).

Nach dem Backen die Leckerli noch als Ganzes, ohne das Backpapier, auf einen Gitterrost legen und auskühlen lassen. Anschließend an den Schnittkanten auseinander brechen. Die Leckerli am besten noch ein bis zwei Tage auf einem Backblech ausgebreitet trocknen lassen, bis sie ganz fest sind.

Haltbarkeit
gut getrocknet und luftdicht verpackt zwei Monate haltbar

Backzeit
25 bis 30 Minuten

Tipp

Um Spritzgebackenes, wie zum Beispiel Gemüsestäbchen, herzustellen, geben Sie zum Teig noch 150 g gewaschene pürierte Salatgurke hinzu und kneten den Teig gut durch. Nehmen Sie nun einen Spritzbeutel mit großer Spritztülle und füllen den Teig ein. Spritzen Sie auf ein mit Backpapier ausgelegtes Backblech Ihre gewünschten Formen. Die weitere Vorgehensweise ist dann wie oben beschrieben.
Backzeit für Spritzgebackenes: 30 bis 35 Minuten.

Gemüse-Hähnchen-Raute

Zutaten

150 g Dinkelvollkornmehl
150 g Weizenmehl (Typ 550)
1 Päckchen Trockenhefe
220 g in leicht sprudelndem Wasser gekochte, abgekühlte Hähnchenbrust (Kochwasser aufheben)
150 ml lauwarmes Hähnchen-Kochwasser (40 bis 50 °C)
200 g Zucchini
50 g Bergkäse
2 TL frische, klein gehackte Petersilie (oder 1 TL getrocknete Petersilie)
6 EL Olivenöl
½ TL Futterkalk (oder 2 Kalziumkapseln à 250 mg reines Kalzium)
3 bis 4 Backpapierblätter (auf Blechgröße zugeschnitten)

Zubereitung

Weizenmehl, Dinkelvollkornmehl, Futterkalk und Trockenhefe in eine Rührschüssel geben und gut vermischen. Abgetrocknetes Hähnchenfleisch mit Bergkäse und separat davon die Zucchini im Zerkleinerer pürieren. Mit Wasser, Petersilie und Olivenöl in die Rührschüssel geben. Alles gut durchkneten. Eine Stunde zugedeckt an zugfreier Stelle ruhen lassen.

Den Backofen vorheizen. Den Teig teilen und die eine Hälfte wieder zudecken. Die andere Hälfte zwischen zwei Backpapierblätter legen und mit dem Nudelholz dünn (etwa 3 mm) ausrollen. Vorsichtig eine Backpapierseite entfernen. Das verbleibende Backpapier mit Teig auf ein Backblech legen. Den Teig mit einem Pizzaschneider in etwa 0,5 x 1 cm große Rauten schneiden (parallel 0,5 cm und dann schräg dazu von etwa 35 bis 45 Grad 1 cm breit schneiden, Backpapier sollte nicht zerschnitten werden). Noch einmal 10 bis 15 Minuten ruhen lassen.

Das Backblech in das zweite Backofenschubfach von unten schieben. Während des Backvorganges zwei- bis dreimal kurz die Backofentür öffnen. (So kann die Feuchtigkeit entweichen. Achtung: Dampf ist heiß.) Die zweite Teighälfte vorbereiten (ein zweites Backblech ist vorteilhaft).

Nach dem Backen den Teig nach unten auf einen Gitterrost legen, Backpapier vorsichtig abziehen und auskühlen lassen. An den Schnittkanten auseinander brechen. Die Leckerli bei 50 °C im leicht geöffneten Herd (hierfür einen Holzkochlöffel in die Ofentür legen) auf einem Backblech ausgebreitet zwei Stunden trocknen. Dann noch einen Tag offen trocknen lassen, bis sie ganz fest sind.

Haltbarkeit
gut getrocknet und luftdicht verpackt zwei Monate haltbar

Backzeit
20 bis 25 Minuten

Variante

Statt Hundekekse in Rautenform lassen sich auch Ausstech-Plätzchen aus dem Teig zubereiten.

Hähnchenbrust in Mais (glutenfrei)

Zutaten

300 g Maismehl
1 Würfel (42 g) Frischhefe
5 EL warmes Wasser (etwa 40 °C)
220 g in leicht sprudelndem Wasser gekochte, abgekühlte Hähnchenbrust (Kochwasser aufheben)
100 ml lauwarmes Hähnchen-Kochwasser (40 bis 50 °C)
3 EL Sonnenblumenöl
120 g gekochter Reis (zum Beispiel Rundkornreis)
80 g entkernter und gewaschener roter Gemüsepaprika
200 g aufgetautes Tiefkühl-Mischgemüse (Erbsen, Karotten und Mais, ohne Zusätze)
½ TL Futterkalk (oder 2 Kalziumkapseln à 250 mg reines Kalzium)
3 bis 4 Backpapierblätter (auf Blechgröße zugeschnitten)

Zubereitung

Maismehl in eine hitzebeständige Rührschüssel geben, eine Vertiefung formen und im Backofen auf 50 °C vorwärmen. 5 EL warmes Wasser mit der Hefe verrühren und in die Mehlvertiefung geben. Abdecken und 15 Minuten an zugfreier Stelle ruhen lassen (falls Hefe nicht aufgeht, ist das nicht schlimm).

Die Schüssel herausnehmen und die Backofentemperatur auf 175 °C erhöhen. Abgetrocknetes Hähnchenfleisch und separat das Gemüse mit der Paprika im Zerkleinerer ganz klein pürieren. Beides in die Rührschüssel geben. Reis im Zerkleinerer zu einem Brei pürieren. Reisbrei, Futterkalk, Hähnchen-Kochwasser und Öl zu der Masse in die Rührschüssel geben. Alles gut durchkneten. Den Teig teilen und die eine Hälfte wieder zudecken. Die andere Hälfte zwischen zwei Backpapierblätter legen und mit dem Nudelholz dünn (etwa 3 mm) ausrollen. Vorsichtig eine Backpapierseite entfernen. Das verbleibende Backpapier mit Teig auf ein Backblech legen. Den Teig mit dem Pizzaschneider in etwa 0,5 x 0,5 bis 1 x 1 cm große Quadrate schneiden (Backpapier sollte nicht zerschnitten werden). 10 bis 15 Minuten ruhen lassen.

Das Backblech in das zweite Backofenschubfach von unten schieben. Während des Backvorganges zwei- bis dreimal kurz die Backofentür öffnen. (So kann die Feuchtigkeit entweichen. Achtung: Dampf ist heiß.) Die zweite Teighälfte vorbereiten (ein zweites Backblech ist vorteilhaft).

Nach dem Backen die Leckerli noch als Ganzes, ohne das Backpapier, auf einen Gitterrost legen und auskühlen lassen. Anschließend an den Schnittkanten auseinander brechen. Die Leckerli am besten noch ein bis zwei Tage auf einem Backblech ausgebreitet trocknen lassen, bis sie ganz fest sind.

Haltbarkeit
gut getrocknet und luftdicht verpackt zwei Monate haltbar

Backzeit
25 bis 30 Minuten

Variante

Diese Rezept eignet sich auch gut zum Zubereiten von größeren Keksen zum Beispiel in Herzform.

Käse-Nudel-Ecken (glutenfrei)

Zutaten

200 g Vollkorn-Buchweizenmehl
100 g Kichererbsenmehl
1 Päckchen glutenfreie Trockenhefe oder 1 Würfel (42 g) frische Hefe
1/4 TL Futterkalk (oder 1 Kalziumkapsel à 250 mg reines Kalzium)
100 g Emmentaler
200 g gekochte glutenfreie Nudeln
100 g passierte Tomaten (oder 100 g gewaschene, pürierte Tomaten, vorher den Stielansatz entfernen)
2 TL frische, gehackte Petersilie (oder 1 TL getrocknete Petersilie)
6 EL Olivenöl
50 ml warmes Wasser
3 bis 4 Backpapierblätter (auf Blechgröße zugeschnitten)

Zubereitung

Buchweizenmehl, Kichererbsenmehl, Trockenhefe und Futterkalk in einer Rührschüssel gut vermischen. Die gekochten Nudeln und den Emmentaler separat im Zerkleinerer pürieren. Mit Tomaten, Petersilie (kann mit den Nudeln zerkleinert werden), Öl und Wasser in die Rührschüssel geben. Den Rührschüsselinhalt gut durchkneten. Abgedeckt eine Stunde ruhen lassen.

Den Backofen vorheizen. Den Teig teilen und die eine Hälfte wieder zudecken. Die andere Hälfte zwischen zwei Backpapierblätter legen und mit dem Nudelholz dünn (etwa 3 mm) ausrollen. Vorsichtig eine Backpapierseite entfernen. Das verbleibende Backpapier mit Teig auf das Backblech legen. Den Teig mit einem Pizzaschneider in etwa 1 x 1 cm große Quadrate schneiden (Backpapier sollte nicht zerschnitten werden).

Das Backblech in das zweite Backofenschubfach von unten schieben. Während des Backvorganges zwei- bis dreimal kurz die Backofentür öffnen. (So kann die Feuchtigkeit entweichen. Achtung: Dampf ist heiß.) Die zweite Teighälfte vorbereiten (ein zweites Backblech ist vorteilhaft).

Nach dem Backen die Leckerli noch als Ganzes, ohne das Backpapier, auf einen Gitterrost legen und auskühlen lassen. Anschließend an den Schnittkanten auseinander brechen. Die Leckerli auf einem oder zwei Backbleche verteilen und bei 50 °C im leicht geöffneten Herd (hierfür einen Holzkochlöffel in die Ofentür legen) zwei Stunden trocknen lassen. Einen Tag offen nachtrocknen, bis sie ganz fest sind.

Haltbarkeit
gut getrocknet und luftdicht verpackt zwei Monate haltbar

Backzeit
15 bis 20 Minuten

Tipp
Diese Sorte mache ich öfter für Freunde, deren Hunde kein Gluten vertragen.

Käse-Viereck

Zutaten

200 g Weizenmehl
100 g Dinkelvollkornmehl
50 g Hartweizengrieß
200 g geriebener Emmentaler
1 Päckchen Trockenhefe
1 rohes Ei
1 Apfel (etwa 180 g)
100 ml lauwarmes Wasser (40 bis 50 °C)
40 g (6 EL) Rapsöl
3 bis 4 Backpapierblätter (auf Blechgröße zugeschnitten)

Zubereitung

Weizenmehl, Dinkelvollkornmehl, Hartweizengrieß und Trockenhefe in die Rührschüssel geben und gut vermischen. Den Apfel waschen, vierteln, das Kerngehäuse entfernen und jedes Viertel noch einmal in drei Teile schneiden. Käse und Apfel einzeln im Zerkleinerer so klein wie möglich schneiden und in die Rührschüssel geben. Wasser, Ei und Rapsöl dazugeben und alles gut durchkneten. Eine Stunde zugedeckt an einer zugfreien, warmen Stelle ruhen lassen.

Den Backofen vorheizen. Den Teig teilen und die eine Hälfte zudecken. Die andere Hälfte zwischen zwei Backpapierblätter legen und mit dem Nudelholz dünn (etwa 3 mm) ausrollen. Vorsichtig eine Backpapierseite entfernen. Das verbleibende Backpapier mit Teig auf das Backblech legen. Den Teig mit einem Pizzaschneider in etwa 1 x 1 cm große Quadrate schneiden (Backpapier sollte nicht zerschnitten werden). Noch einmal 10 Minuten ruhen lassen.

Das Backblech in das zweite Backofenschubfach von unten schieben. Während des Backvorganges zwei- bis dreimal kurz die Backofentür öffnen. (So kann die Feuchtigkeit entweichen. Achtung: Dampf ist heiß.) Die zweite Teighälfte vorbereiten (ein zweites Backblech ist vorteilhaft).

Nach dem Backen die Leckerli noch als Ganzes, ohne das Backpapier, auf einen Gitterrost legen und auskühlen lassen. Anschließend an den Schnittkanten auseinander brechen. Die Leckerli am besten noch einen Tag auf einem Backblech ausgebreitet trocknen lassen, bis sie ganz fest sind.

Haltbarkeit
gut getrocknet und luftdicht verpackt
ein Monat haltbar

Achtung!
Schmecken auch Hunde-
herrchens!

Backzeit
20 Minuten

Lamm-Gemüse-Nuggets (glutenfrei)

Zutaten

200 g Maismehl
150 g Reismehl
½ TL Futterkalk (oder 2 Kalziumkapseln à 250 mg reines Kalzium)
½ Würfel (21 g) Frischhefe
5 EL warmes Wasser
150 g frische Möhren (gewaschen, grüne Stellen entfernen)
150 g abgetropfte extrafeine Erbsen aus der Dose
1 EL Sonnenblumenöl
220 bis 250 g (nicht gegartes Gewicht) in leicht sprudelndem
Wasser gekochtes, abgekühltes mageres Lammfleisch (Kochwasser
aufheben)
100 ml lauwarmes Lammfleisch-Kochwasser (40 bis 50 °C)
1 rohes Ei
3 bis 4 Backpapierblätter (auf Blechgröße zugeschnitten)

Zubereitung

Maismehl, Reismehl und Futterkalk in eine hitzebeständige Rührschüssel geben, eine Vertiefung formen und im Backofen auf 50 °C vorwärmen. 5 EL warmes Wasser mit der Hefe verrühren und in die Mehlvertiefung geben. Abdecken und 10 Minuten an einer zugfreien, warmen Stelle ruhen lassen (falls Hefe nicht aufgeht, ist das nicht schlimm).

Die Schüssel herausnehmen und die Backofentemperatur auf 175 °C erhöhen.

Abgetrocknetes Lammfleisch und Gemüse (Möhren und Erbsen) separat im Zerkleinerer pürieren. Mit Kochwasser, Öl und Ei in die Rührschüssel geben. Alles gut durchkneten. 20 bis 30 Minuten abgedeckt an einer zugfreien, warmen Stelle noch mal ruhen lassen.

Den Teig teilen und die eine Hälfte wieder zudecken. Die andere Hälfte zwischen zwei Backpapierblätter legen und mit dem Nudelholz dünn (etwa 2 bis 3 mm) ausrollen. Vorsichtig eine Backpapierseite entfernen. Das verbleibende Backpapier mit Teig auf das Backblech legen. Den Teig mit einem Pizzaschneider in etwa 1 x 1 cm große Quadrate schnei-

den (Backpapier sollte nicht zerschnitten werden). 10 Minuten ruhen lassen.

Das Backblech in das zweite Backofenschubfach von unten schieben. Während des Backvorganges zwei- bis dreimal kurz die Backofentür öffnen. (So kann die Feuchtigkeit entweichen. Achtung: Dampf ist heiß.) Die zweite Teighälfte vorbereiten (ein zweites Backblech ist vorteilhaft).

Nach dem Backen die Leckerli noch als Ganzes, ohne das Backpapier, auf einen Gitterrost legen und auskühlen lassen. Anschließend an den Schnittkanten auseinander brechen. Die Leckerli bei 50 °C im leicht geöffneten Herd (hierfür einen Holzkochlöffel in die Ofentür legen) auf einem Backblech ausgebreitet ein bis zwei Stunden trocknen. Dann noch einen Tag offen trocknen lassen, bis sie ganz fest sind.

Haltbarkeit
gut getrocknet und luftdicht verpackt zwei Monate haltbar

Backzeit
30 bis 35 Minuten

Lamm-Knöpfchen

Zutaten

200 g Weizenmehl (Typ 1050)
150 g Dinkelvollkornmehl
1 Päckchen Trockenhefe
½ TL Futterkalk (oder 2 Kalziumkapseln à 250 mg reines Kalzium)
220 bis 250 g (ungekochtes Gewicht) in leicht sprudelndem Wasser gekochtes, abgekühltes mageres Lammfleisch (Kochwasser aufheben)
100 ml lauwarmes Lammfleisch-Kochwasser (40 bis 50 °C)
4 EL Rapsöl
50 g Tomatenmark
3 bis 4 Backpapierblätter (auf Blechgröße zugeschnitten)

Zubereitung

Weizenmehl, Dinkelvollkornmehl, Futterkalk und Trockenhefe in eine Rührschüssel geben und gut vermischen. Gekochtes Lammfleisch im Zerkleinerer so klein wie möglich schneiden und in die Rührschüssel geben. Wasser, Tomatenmark und Rapsöl dazugeben. Alles gut durchkneten und eine halbe Stunde zugedeckt an einer zugfreien, warmen Stelle ruhen lassen.

Den Backofen vorheizen. Teig noch einmal durchkneten. Den Teig teilen und die eine Hälfte zudecken. Die andere Hälfte zwischen zwei Backpapierblätter legen und mit dem Nudelholz dünn (etwa 3 mm) ausrollen. Vorsichtig eine Backpapierseite entfernen. Das verbleibende Backpapier mit Teig auf das Backblech legen. Den Teig mit einem Pizzaschneider in etwa 1 x 1 cm große Quadrate schneiden (Backpapier sollte nicht zerschnitten werden). Noch einmal 10 bis 15 Minuten ruhen lassen.

Das Backblech in das zweite Backofenschubfach von unten schieben. Während des Backvorganges zwei- bis dreimal kurz die Backofentür öffnen. (So kann die Feuchtigkeit entweichen. Achtung: Dampf ist heiß.) Die zweite Teighälfte vorbereiten (ein zweites Backblech ist vorteilhaft).

Nach dem Backen die Leckerli noch als Ganzes, ohne das Backpapier, auf einen Gitterrost legen und auskühlen lassen. Anschließend an den Schnittkanten auseinander brechen. Die Leckerli auf einem oder zwei Backbleche verteilen und bei 50 °C im leicht geöffneten Herd (hierfür einen Holzkochlöffel in die Ofentür legen) zwei Stunden trocknen lassen. Einen Tag offen nachtrocknen, bis sie ganz fest sind.

Haltbarkeit
gut getrocknet und luftdicht verpackt zwei Monate haltbar

Backzeit
25 bis 30 Minuten

Leberverzückung (glutenfrei)

Zutaten

300 g Vollkorn-Buchweizenmehl
80 g Reismehl
50 g Maisgrieß
1 Würfel (42 g) Frischhefe
5 EL warmes Wasser (etwa 40 °C)
200 g (ungekochtes Gewicht) in leicht sprudelndem Wasser gekochte, abgekühlte Rinderleber (Kochwasser aufheben)
100 ml lauwarmes Rinderleber-Kochwasser (40 bis 50 °C)
250 g gekochte, geschälte, gestampfte Kartoffeln
2 TL frische, klein gehackte Petersilie (oder 1 TL getrocknete Petersilie)
1 rohes Ei
½ TL Futterkalk (oder 2 Kalziumkapseln à 250 mg reines Kalzium)
etwas Buchweizen- oder Reismehl zum Bestäuben
3 bis 4 Backpapierblätter (auf Blechgröße zugeschnitten)

Zubereitung

Buchweizenmehl, Reismehl und Maisgrieß in eine hitzebeständige Rühr-schüssel geben und gut vermischen. Eine Vertiefung formen und im Backofen auf 50 °C vorwärmen (etwa 10 Minuten). 5 EL warmes Wasser mit Hefe verrühren und in die Mehlvertiefung geben. Abdecken und 15 Minuten an einer zugfreien, warmen Stelle ruhen lassen (falls Hefe nicht aufgeht, ist das nicht schlimm).

Die Schüssel herausnehmen und die Backofentemperatur auf 175 °C erhöhen.

Abgetrocknete Leber im Zerkleinerer zu Leberwurst pürieren. Mit Kochwasser, Kartoffeln, Petersilie, Ei und Futterkalk in die Rührschüssel geben. Alles gut durchkneten. Den Teig teilen und die eine Hälfte wieder zudecken. Die andere Hälfte auf ein bemehltes Backpapier legen, den Teig auch bemehlen und ein zweites Backpapier auflegen. Mit dem Nudelholz dünn (etwa 3 mm) ausrollen. Vorsichtig eine Backpapierseite entfernen. Das verbleibende Backpapier mit Teig auf ein Backblech legen. Den Teig mit einem Pizzaschneider in etwa 0,5 x 0,5 bis 1 x 1 cm große Quadrate schneiden (Backpapier sollte nicht zerschnitten werden). 10 bis 15 Minu-ten ruhen lassen.

Das Backblech in das zweite Backofenschubfach von unten schieben. Während des Backvorganges zwei- bis dreimal kurz die Backofentür öff-nen. (So kann die Feuchtigkeit entweichen. Achtung: Dampf ist heiß.) Die zweite Teighälfte vorbereiten (ein zweites Backblech ist vorteilhaft).

Nach dem Backen die Leckerli noch als Ganzes, ohne das Backpapier, auf einen Gitterrost legen und auskühlen lassen. Anschließend an den Schnittkanten auseinander brechen. Die Leckerli bei 50 °C im leicht geöff-neten Herd (hierfür einen Holzkochlöffel in die Ofentür legen) auf einem Backblech ausgebreitet zwei Stunden trocknen. Dann noch einen Tag offen trocknen lassen, bis sie ganz fest sind.

Haltbarkeit

gut getrocknet und luftdicht verpackt zwei Monate haltbar

Backzeit

25 bis 30 Minuten

Hinweis

Während der Herstellung dieser Backwaren kommen Ida und Charlotte immer wieder in die Küche, um nachzufragen, wann denn die Leckerli endlich fertig sind.

Leichter Knabber-Genuss (glutenfrei)

Zutaten

200 g Vollkorn-Buchweizenmehl
150 g Maismehl
50 g Reismehl
1 Päckchen glutenfreie Trockenhefe
¼ TL Futterkalk (oder 1 Kalziumkapsel à 250 mg reines Kalzium)
1 EL Distelöl
2 hart gekochte Eier
1 rohes Ei
250 g Magerquark
100 g gewaschene Salatgurke
3 bis 4 Backpapierblätter (auf Blechgröße zugeschnitten)

Zubereitung

Buchweizenmehl, Maismehl, Reismehl, Trockenhefe und Futterkalk in einer hitzebeständigen Rührschüssel gut vermischen. Die gekochten Eier und die Salatgurke im Zerkleinerer pürieren. Mit rohem Ei, Quark und Distelöl in die Rührschüssel geben. Den Rührschüsselinhalt gut durchkneten. Abgedeckt im 50 °C warmen, offenen Backofen eine halbe Stunde ruhen lassen.

Die Schüssel herausnehmen und die Backofentemperatur auf 175 °C erhöhen. Den Teig teilen und die eine Hälfte wieder zudecken. Die andere Hälfte zwischen zwei Backpapierblätter legen und mit dem Nudelholz dünn (etwa 3 mm) ausrollen. Vorsichtig eine Backpapierseite entfernen. Das verbleibende Backpapier mit Teig auf das Backblech legen. Den Teig mit dem Pizzaschneider in etwa 1 x 1 cm große Quadrate schneiden (Backpapier sollte nicht zerschnitten werden).

Das Backblech in das zweite Backofenschubfach von unten schieben. Während des Backvorganges zwei- bis dreimal kurz die Backofentür öffnen. (So kann die Feuchtigkeit entweichen. Achtung: Dampf ist heiß.) Die zweite Teighälfte vorbereiten (ein zweites Backblech ist vorteilhaft).

Nach dem Backen die Leckerli noch als Ganzes, ohne das Backpapier, auf einen Gitterrost legen und auskühlen lassen. Anschließend an den Schnittkanten auseinander brechen. Die Leckerli am besten noch ein bis zwei Tage auf einem Backblech ausgebreitet trocknen lassen, bis sie ganz fest sind.

Haltbarkeit
gut getrocknet und luftdicht verpackt zwei Monate haltbar

Backzeit
20 bis 25 Minuten

Mais-Müsli-Kräcker (glutenfrei)

Zutaten

300 g Maismehl
1 Würfel (42 g) Frischhefe
5 EL warmes Wasser (etwa 40 °C)
100 g Magerquark
1 Banane (100 g ohne Schale)
1 Apfel (etwa 180 g)
130 g frische Möhren (gewaschen, grüne Stellen entfernen)
100 g Kokosraspeln
100 ml lauwarmes Wasser (40 bis 50 °C)
50 g (7,5 EL) Sonnenblumenöl
¼ TL Futterkalk (oder 1 Kalziumkapsel à 250 mg reines Kalzium)
3 bis 4 Backpapierblätter (auf Blechgröße zugeschnitten)

Zubereitung

Das Maismehl in eine hitzebeständige Rührschüssel geben, eine Vertiefung formen und im Backofen auf 50 °C vorwärmen. 5 EL warmes Wasser mit Hefe verrühren und in die Mehlvertiefung geben. Abdecken und 15 Minuten an zugfreier Stelle ruhen lassen (falls Hefe nicht aufgeht, ist das nicht schlimm).

Die Schüssel herausnehmen und die Backofentemperatur auf 175 °C erhöhen. Den Apfel entkernen und zusammen mit den Möhren im Zerkleinerer so klein wie möglich schneiden. Die Banane zerdrücken und mit Kokosraspeln, Quark, Futterkalk, 200 ml lauwarmem Wasser und Öl zum Mehl und der Hefe geben. Alles gut durchkneten. Eine Stunde an einer zugfreien, warmen Stelle ruhen lassen.

Den Teig teilen und die eine Hälfte wieder zudecken. Die andere Hälfte zwischen zwei Backpapierblätter legen und mit dem Nudelholz dünn (etwa 3 mm) ausrollen. Vorsichtig eine Backpapierseite entfernen. Das verbleibende Backpapier mit Teig auf das Backblech legen. Den Teig mit dem Pizzaschneider in etwa 1 x 1 cm große Quadrate schneiden (Backpapier sollte nicht zerschnitten werden). 10 bis 15 Minuten ruhen lassen.

Das Backblech in das zweite Backofenschubfach von unten schieben. Während des Backvorganges zwei- bis dreimal kurz die Backofentür öffnen. (So kann die Feuchtigkeit entweichen. Achtung: Dampf ist heiß.) Die zweite Teighälfte vorbereiten (ein zweites Backblech ist vorteilhaft).

Nach dem Backen die Leckerli noch als Ganzes, ohne das Backpapier, auf einen Gitterrost legen und auskühlen lassen. Anschließend an den Schnittkanten auseinander brechen. Die Leckerli am besten noch ein bis zwei Tage auf einem Backblech ausgebreitet trocknen lassen, bis sie ganz fest sind.

Haltbarkeit
gut getrocknet und luftdicht verpackt zwei Monate haltbar

Backzeit
20 bis 25 Minuten

Tipp

Schneiden Sie den Teig in etwa 2 x 10 cm lange Stangen und schon haben Sie Müsli-Riegel für Hunde.

Makrelen-Verführung

Zutaten

300 g Weizenmehl (Typ 550)
1 Päckchen Trockenhefe
1 Dose (125 g) Makrelenfilets in Sonnenblumenöl
150 ml lauwarmes Wasser (40 bis 50 °C)
2 EL Sonnenblumenöl
½ TL Futterkalk (oder 2 Kalziumkapseln à 250 mg reines Kalzium)
3 bis 4 Backpapierblätter (auf Blechgröße zugeschnitten)

Zubereitung

Weizenmehl, Futterkalk und Trockenhefe in eine Rührschüssel geben und gut vermischen. Das Sonnenblumenöl von den Makrelen und 2 EL weiteres Sonnenblumenöl dazugeben. Makrelenfilets im Zerkleinerer zu Fischmus pürieren. Mit dem Wasser in die Rührschüssel geben und alles gut durchkneten. Eine Stunde zugedeckt an einer zugfreien, warmen Stelle ruhen lassen.

Den Backofen vorheizen. Den Teig zwischen zwei Backpapierblätter legen und mit dem Nudelholz dünn (etwa 3 mm) ausrollen. Eine Backpapierseite entfernen. Das verbleibende Backpapier mit Teig auf das Backblech legen. Den Teig mit dem Pizzaschneider in etwa 1 x 1 cm große Quadrate schneiden (Backpapier sollte nicht zerschnitten werden). Noch einmal 10 bis 15 Minuten ruhen lassen.

Das Backblech in das zweite Backofenschubfach von unten schieben. Während des Backvorganges zwei- bis dreimal kurz die Backofentür öffnen. (So kann die Feuchtigkeit entweichen. Achtung: Dampf ist heiß.)

Nach dem Backen die Leckerli noch als Ganzes, ohne das Backpapier, auf einen Gitterrost legen und auskühlen lassen. Anschließend an den Schnittkanten auseinander brechen. Die Leckerli bei 50 °C im leicht geöffneten Herd (hierfür einen Holzkochlöffel in die Ofentür legen) auf einem Backblech ausgebreitet zwei Stunden trocknen. Dann noch einen Tag offen trocknen lassen, bis sie ganz fest sind.

Haltbarkeit

gut getrocknet und luftdicht verpackt zwei Monate haltbar

Backzeit

20 bis 25 Minuten

Hinweis

Bemerkung meiner Hundedamen: Mmmmhhhhm, schmatz.

Müsli-Hundetraum

Zutaten

300 g Dinkelvollkornmehl
100 g Haferflocken
1 Päckchen Trockenhefe
¼ TL Futterkalk (oder 1 Kalziumkapsel à 250 mg reines Kalzium)
100 g frische Möhren (gewaschen, grüne Stellen entfernen)
150 g Naturjoghurt 3,5 %
100 g Banane (ohne Schale)
1 großer Apfel (etwa 200 g)
etwas Dinkelmehl zum Bestäuben
3 bis 4 Backpapierblätter (auf Blechgröße zugeschnitten)

Zubereitung

Dinkelvollkornmehl, Futterkalk und Trockenhefe in eine hitzebeständige Rührschüssel geben und gut vermischen. Die Haferflocken separat, der entkernte Apfel und die Möhren zusammen im Zerkleinerer so klein wie möglich raspeln. Mit Joghurt und der zerdrückten Banane in die Rührschüssel geben. Alles gut durchkneten. Da der Teig kalt ist, sollte er eine Stunde zugedeckt im 50 °C warmen, leicht geöffneten Backofen (hierfür einen Holzkochlöffel in die Ofentür legen) ruhen.

Die Schüssel herausnehmen und die Backofentemperatur auf 175 °C erhöhen. Den Teig teilen und eine Hälfte zudecken.

Ein Backpapierblatt auf den Arbeitstisch legen und leicht mit Mehl bestreuen. Die andere Teighälfte auflegen und auch leicht mit Mehl bestreuen. Ein zweites Backpapier auflegen und alles mit dem Nudelholz dünn (etwa 4 mm) ausrollen. Vorsichtig und langsam eine Backpapierseite entfernen. Die Teigoberseite wieder mit etwas Mehl bestreuen und leicht einreiben. Das Backpapier mit Teig auf das Backblech legen. Den Teig mit dem Pizzaschneider in etwa 1 x 1 cm große Quadrate schneiden (Backpapier sollte nicht zerschnitten werden).

Das Backblech in das zweite Backofenschubfach von unten schieben. Während des Backvorganges zwei- bis dreimal kurz die Backofentür öffnen. (So kann die Feuchtigkeit entweichen. Achtung: Dampf ist heiß.) Die zweite Teighälfte vorbereiten (ein zweites Backblech ist vorteilhaft).

Nach dem Backen die Leckerli noch als Ganzes, ohne das Backpapier, auf einen Gitterrost legen und auskühlen lassen. Wenn zu viel Mehl auf den Leckerli ist, dieses mit einem Pinsel entfernen. Anschließend an den Schnittkanten vorsichtig auseinander brechen. Vor dem Verpacken die Leckerli noch ein bis zwei Tage ausgebreitet auf einem Backblech trocknen lassen, bis sie ganz fest sind.

Haltbarkeit
gut getrocknet und luftdicht verpackt zwei Monate haltbar

Backzeit
25 bis 30 Minuten

> **Tipp**
>
> Der Müsli-Hundetraum schmeckt mir auch. Sehr sogar.

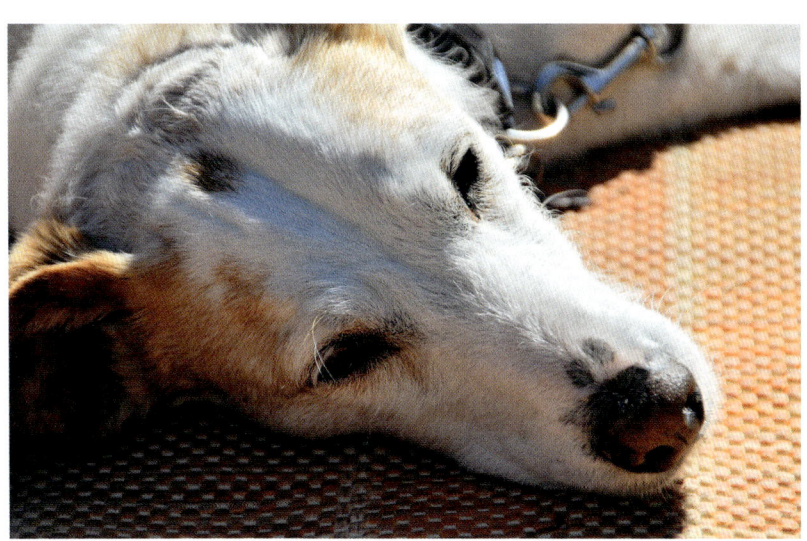

Paprika-Leber im Mischteig

Zutaten

300 g Weizenmehl (Typ 550)
100 g Roggenmehl (Typ 1050)
1 Päckchen Trockenhefe
½ TL Futterkalk (oder 2 Kalziumkapseln à 250 mg reines Kalzium)
120 g geputzter, gewaschener roter Gemüsepaprika
200 g (ungekochtes Gewicht) in leicht sprudelndem Wasser gekochte, abgekühlte Rinderleber (Kochwasser aufheben)
150 bis 200 ml lauwarmes Rinderleber-Kochwasser (40 bis 50 °C)
6 EL Rapsöl
etwas Weizenmehl zum Bestäuben
3 bis 4 Backpapierblätter (auf Blechgröße zugeschnitten)

Zubereitung

Weizenmehl, Roggenmehl, Futterkalk und Trockenhefe in eine Rührschüssel geben und gut vermischen. Leber und Paprika im Zerkleinerer pürieren und in die Rührschüssel geben. Das Kochwasser (erst 150 ml und wenn Teig zu trocken ist, noch etwas warmes Wasser zugeben) und Rapsöl dazugeben. Alles gut durchkneten. Eine halbe Stunde zugedeckt an einer zugfreien, warmen Stelle ruhen lassen.

Den Backofen vorheizen. Den Teig teilen und die eine Hälfte zudecken. Ein Backpapierblatt auf den Arbeitstisch legen und leicht mit Weizenmehl bestreuen. Die Teighälfte auflegen und auch leicht mit Weizenmehl bestreuen. Ein zweites Backpapier auflegen und mit dem Nudelholz dünn (etwa 3 mm) ausrollen. Vorsichtig eine Backpapierseite entfernen. Die Teigoberseite wieder leicht mit Weizenmehl bestreuen und leicht einreiben. Das Backpapier mit Teig auf das Backblech legen. Den Teig mit dem Pizzaschneider in etwa 1 x 1 cm große Quadrate schneiden (Backpapier sollte nicht zerschnitten werden).

Das Backblech in das zweite Backofenschubfach von unten schieben. Während des Backvorganges zwei- bis dreimal kurz die Backofentür öffnen. (So kann die Feuchtigkeit entweichen. Achtung: Dampf ist heiß.) Die zweite Teighälfte vorbereiten (ein zweites Backblech ist vorteilhaft).

Nach dem Backen die Leckerli noch als Ganzes, ohne das Backpapier, auf einen Gitterrost legen und auskühlen lassen. Anschließend an den Schnittkanten auseinander brechen. Die Leckerli auf einem oder zwei Backbleche verteilen und bei 50 °C im leicht geöffneten Herd (Holzkochlöffel in Ofentür legen) ein bis zwei Stunden trocknen lassen. Ein Tag noch offen nachtrocknen, bis sie ganz fest sind.

Haltbarkeit
gut getrocknet und luftdicht verpackt zwei Monate haltbar

Backzeit
25 bis 30 Minuten

Hinweis
Beim Backen dieses Rezeptes liegen am Ende mehrere Schuhe (und zwei Hunde) vor meiner Küchentür. Charlotte hätte halt sehr gern ein paar dieser Backwaren, also wird Frauchen geholfen und beim Schlappenbringen ist sie (Frauchen) immer begeistert.

Puten-Quadrat

Zutaten

400 g Weizenmehl (Typ 550)
30 g Hartweizengrieß
1 Päckchen Trockenhefe
300 g in leicht sprudelndem Wasser gekochte, abgekühlte
Putenbrust (Kochwasser aufheben)
150 ml lauwarmes Putenkochwasser (40 bis 50 °C)
7,5 EL Maiskeimöl
½ TL Futterkalk (oder 2 Kalziumkapseln à 250 mg reines Kalzium)
3 bis 4 Backpapierblätter (auf Blechgröße zugeschnitten)

Zubereitung

Weizenmehl, Hartweizengrieß, Futterkalk und Trockenhefe in eine Rührschüssel geben und gut vermischen. Die abgetrocknete Putenbrust im
Zerkleinerer zu Mett pürieren. Mit Wasser und Maiskeimöl in die Rührschüssel geben. Alles gut durchkneten. Eine Stunde zugedeckt an einer
zugfreien, warmen Stelle ruhen lassen.

Den Backofen vorheizen. Den Teig teilen und die eine Hälfte wieder
zudecken. Die andere Hälfte zwischen zwei Backpapierblätter legen und
mit dem Nudelholz dünn (etwa 3 mm) ausrollen. Vorsichtig eine Backpapierseite entfernen. Das verbleibende Backpapier mit Teig auf das Backblech legen. Den Teig mit dem Pizzaschneider in etwa 1 x 1 cm große
Quadrate schneiden (Backpapier sollte nicht zerschnitten werden). Noch
einmal 10 bis 15 Minuten ruhen lassen.

Das Backblech in das zweite Backofenschubfach von unten schieben.
Während des Backvorganges zwei- bis dreimal kurz die Backofentür öffnen. (So kann die Feuchtigkeit entweichen. Achtung: Dampf ist heiß.) Die
zweite Teighälfte vorbereiten (ein zweites Backblech ist vorteilhaft).

Nach dem Backen die Leckerli noch als Ganzes, ohne das Backpapier,
auf einen Gitterrost legen und auskühlen lassen. Anschließend an den
Schnittkanten auseinander brechen. Die Leckerli auf einem oder zwei
Backbleche verteilen und bei 50 °C im leicht geöffneten Herd (hierfür
einen Holzkochlöffel in die Ofentür legen) ein bis zwei Stunden trocknen
lassen. Einen Tag noch offen nachtrocknen, bis sie ganz fest sind.

Haltbarkeit
gut getrocknet und luftdicht verpackt
zwei Monate haltbar

Backzeit
20 bis 25 Minuten

Hinweis

Bei diesem Backduft kom-
men – tap-tap-tap – die
vierbeinigen Mitbewohner
zum Nachschauen in die
Küche. Nicht erschrecken!

Rinder-Roggen-Leckerchen

Zutaten

300 g Roggenmehl
50 g Haferflocken
100 g gekochte Kartoffeln
1 Päckchen Trockenhefe
60 g frische Möhren (gewaschen, grüne Stellen entfernen)
200 ml lauwarmes Wasser (40 bis 50 °C)
6 EL Olivenöl
½ TL Futterkalk (oder 2 Kalziumkapseln à 250 mg reines Kalzium)
300 g Rindfleisch
50 g Maisgrieß
etwas Weizenmehl zum Bestreuen
3 bis 4 Backpapierblätter (auf Blechgröße zugeschnitten)

Zubereitung

Roggenmehl, Futterkalk und Trockenhefe in eine Rührschüssel geben und gut vermischen. Haferflocken und Möhren einzeln mit Zerkleinerer so klein wie möglich schneiden und in die Rührschüssel geben. Wasser, zerdrückte Kartoffeln und Olivenöl dazugeben. Alles gut durchkneten. Eine Stunde zugedeckt an einer zugfreien, warmen Stelle ruhen lassen.

Den Backofen vorheizen. Das Rindfleisch im Zerkleinerer pürieren und mit Maisgrieß in den Teig einkneten. Den Teig teilen und die eine Hälfte zudecken. Ein Backpapierblatt auf den Arbeitstisch legen und leicht mit Weizenmehl bestreuen. Eine Teighälfte auflegen und auch leicht mit Weizenmehl bestreuen. Ein zweites Backpapier auflegen und mit dem Nudelholz dünn (etwa 3 mm) ausrollen. Vorsichtig eine Backpapierseite entfernen. Die Teigoberseite wieder leicht mit Weizenmehl bestreuen und leicht einreiben. Das Backpapier mit Teig auf das Backblech legen. Den Teig mit dem Pizzaschneider in etwa 1 x 1 cm große Quadrate schneiden (Backpapier sollte nicht zerschnitten werden).

Das Backblech in das zweite Backofenschubfach von unten schieben. Während des Backvorganges zwei- bis dreimal kurz die Backofentür öffnen. (So kann die Feuchtigkeit entweichen. Achtung: Dampf ist heiß.) Die zweite Teighälfte vorbereiten (ein zweites Backblech ist vorteilhaft).

Nach dem Backen die Leckerli noch als Ganzes, ohne das Backpapier, auf einen Gitterrost legen und auskühlen lassen. Anschließend an den Schnittkanten auseinander brechen. Die Leckerli auf einem oder zwei Backbleche verteilen und bei 100 °C im leicht geöffneten Herd (hierfür einen Holzkochlöffel in die Ofentür legen) eine Stunde, danach bei 50 °C eine weitere Stunde trocknen lassen, bis sie ganz fest sind.

Haltbarkeit
gut getrocknet und luftdicht verpackt zwei Monate haltbar

Backzeit
30 bis 35 Minuten

Rindfleisch im Nudelteig

Zutaten

200 g Weizenmehl (Typ 1050)
100 g Hartweizengrieß
1 Päckchen Trockenhefe
½ TL Futterkalk (oder 2 Kalziumkapseln à 250 mg reines Kalzium)
250 g Rinderhackfleisch
5 EL Distelöl
200 g gekochte Nudeln
1 bis 3 EL lauwarmes Wasser
3 bis 4 Backpapierblätter (auf Blechgröße zugeschnitten)

Zubereitung

Weizenmehl, Hartweizengrieß, Futterkalk und Trockenhefe in eine Rühr-schüssel geben und gut vermischen. Nudeln im Zerkleinerer pürieren. Rinderhackfleisch mit 1 EL Distelöl gar dünsten, etwas abkühlen und im Zerkleinerer pürieren. Mit Nudeln, Ei und 4 EL Öl in die Rührschüssel ge-ben. Alles gut durchkneten. Wasser löffelweise zugeben, bis der Teig sich von der Schüssel löst. Eine Stunde zugedeckt an einer zugfreien, warmen Stelle ruhen lassen.

Den Backofen vorheizen. Teig noch einmal durchkneten. Den Teig tei-len und die eine Hälfte zudecken. Die andere Hälfte zwischen zwei Back-papierblätter legen und mit dem Nudelholz dünn (etwa 3 mm) ausrollen. Vorsichtig eine Backpapierseite entfernen. Das verbleibende Backpapier mit Teig auf das Backblech legen. Den Teig mit dem Pizzaschneider in etwa 1 x 1 cm große Quadrate schneiden (Backpapier sollte nicht zer-schnitten werden). Noch einmal 10 bis 15 Minuten ruhen lassen.

Das Backblech in das zweite Backofenschubfach von unten schieben. Während des Backvorganges zwei- bis dreimal kurz die Backofentür öff-nen. (So kann die Feuchtigkeit entweichen. Achtung: Dampf ist heiß.) Die zweite Teighälfte vorbereiten (ein zweites Backblech ist vorteilhaft).

Nach dem Backen die Leckerli noch als Ganzes, ohne das Backpapier, auf einen Gitterrost legen und auskühlen lassen. Anschließend an den Schnittkanten auseinander brechen. Die Leckerli auf einem oder zwei Backbleche verteilen und bei 50 °C im leicht geöffneten Herd (hierfür einen Holzkochlöffel in die Ofentür legen) zwei Stunden trocknen lassen. Einen Tag offen nachtrocknen, bis sie ganz fest sind.

Haltbarkeit
gut getrocknet und luftdicht verpackt zwei Monate haltbar

Backzeit
20 bis 25 Minuten

Roggenhappen

Zutaten

300 g Roggenmehl
100 g Weizenmehl
30 g Hartweizengrieß
1 Päckchen Trockenhefe
100 g Walnüsse
100 g Magerquark
200 g frische Möhren (gewaschen, grüne Stellen entfernt)
100 g in leicht sprudelndem Wasser gekochtes, abgekühltes
Rindfleisch (Kochwasser aufheben)
150 ml lauwarmes Rinderkochwasser (40 bis 50 °C)
7,5 EL Rapsöl
¼ TL Futterkalk (oder 1 Kalziumkapsel à 250 mg reines Kalzium)
3 bis 4 Backpapierblätter (auf Blechgröße zugeschnitten)

Zubereitung

Roggenmehl, Weizenmehl, Hartweizengrieß, Futterkalk und Trockenhefe in eine Rührschüssel geben und gut vermischen. Walnüsse, Möhren und Rindfleisch jeweils einzeln im Zerkleinerer sehr klein schneiden (pürieren) und in die Rührschüssel geben. Wasser, Magerquark und Olivenöl dazugeben. Alles gut durchkneten. Eine Stunde zugedeckt an einer zugfreien, warmen Stelle ruhen lassen.

Den Backofen vorheizen. Den Teig teilen und die eine Hälfte zudecken. Die andere Hälfte zwischen zwei Backpapierblätter legen und mit dem Nudelholz dünn (etwa 3 mm) ausrollen. Vorsichtig eine Backpapierseite entfernen. Das verbleibende Backpapier mit Teig auf das Backblech legen. Den Teig mit dem Pizzaschneider in etwa 1 x 1 cm große Quadrate schneiden (Backpapier sollte nicht zerschnitten werden). Noch einmal 10 bis 15 Minuten ruhen lassen.

Das Backblech in das zweite Backofenschubfach von unten schieben. Während des Backvorganges zwei- bis dreimal kurz die Backofentür öffnen. (So kann die Feuchtigkeit entweichen. Achtung: Dampf ist heiß.) Die zweite Teighälfte vorbereiten (ein zweites Backblech ist vorteilhaft).

Nach dem Backen die Leckerli noch als Ganzes, ohne das Backpapier, auf einen Gitterrost legen und auskühlen lassen. Anschließend an den Schnittkanten auseinander brechen. Die Leckerli am besten noch ein bis zwei Tage auf einem Backblech ausgebreitet trocknen lassen, bis sie ganz fest sind.

Haltbarkeit
gut getrocknet und luftdicht verpackt
zwei Monate haltbar

Backzeit
20 bis 25 Minuten

Achtung!

Hunde hätten gern die Einmalhandschuhe zum Abschlecken. Sie sind aber besser im Müll aufgehoben.

Thunfisch-Erlebnis

Zutaten

200 g Weizenmehl (Typ 1050)
100 g Dinkelvollkornmehl
30 g Maisgrieß
1 Päckchen Trockenhefe
200 g Thunfisch in Sonnenblumenöl (Thunfisch und Öl trennen)
1 rohes Ei
200 g Magerquark
100 ml lauwarmes Wasser (40 bis 50 °C)
½ TL Futterkalk (oder 2 Kalziumkapseln à 250 mg reines Kalzium)
3 bis 4 Backpapierblätter (auf Blechgröße zugeschnitten)

Zubereitung

Weizenmehl, Dinkelvollkornmehl, Hefe und Futterkalk in eine Rühr-schüssel geben und gut vermischen. Den Thunfisch im Zerkleinerer pürie-ren. Thunfisch, Thunfisch-Sonnenblumenöl, Magerquark, Ei und Wasser in die Rührschüssel geben. Alles gut durchkneten. Eine Stunde zugedeckt an einer zugfreien, warmen Stelle zugedeckt ruhen lassen.

Den Backofen vorheizen. Den Teig teilen und die eine Hälfte wieder zudecken. Die andere Hälfte zwischen zwei Backpapierblätter legen und mit dem Nudelholz dünn (etwa 3 mm) ausrollen. Vorsichtig eine Backpa-pierseite entfernen. Das verbleibende Backpapier mit Teig auf das Back-blech legen. Den Teig mit dem Pizzaschneider in etwa 1 x 1 cm große Quadrate schneiden (Backpapier sollte nicht zerschnitten werden). Noch einmal 10 Minuten ruhen lassen.

Das Backblech in das zweite Backofenschubfach von unten schieben. Während des Backvorganges zwei- bis dreimal kurz die Backofentür öff-nen. (So kann die Feuchtigkeit entweichen. Achtung: Dampf ist heiß.) Die zweite Teighälfte vorbereiten (ein zweites Backblech ist vorteilhaft).

Nach dem Backen die Leckerli noch als Ganzes, ohne das Backpapier, auf einen Gitterrost legen und auskühlen lassen. Anschließend an den Schnittkanten auseinander brechen. Die Leckerli auf einem oder zwei Backbleche verteilen und bei 50 °C im leicht geöffneten Herd (hierfür einen Holzkochlöffel in die Ofentür legen) ein bis zwei Stunden trocknen lassen. Einen Tag noch bei Raumtemperatur nachtrocknen, bis sie ganz fest sind.

Haltbarkeit
gut getrocknet und luftdicht verpackt zwei Monate haltbar

Backzeit
25 bis 30 Minuten

Geschenkideen für Hundefreunde

Wer möchte nicht immer mal wieder etwas Besonderes verschenken? Selbst hergestellte Geschenke sind da genau das Richtige. Denn in ihnen steckt nicht nur Zeit, sondern auch viel Liebe, wenn man speziell für jemanden etwas gebacken und gebastelt hat.

Und das ist heute etwas ganz besonders Wertvolles. Im Folgenden findet sich bestimmt auch ein Vorschlag, der Ihnen gefällt oder Sie inspiriert.

Schöne Verpackungen für Leckerli

Die Leckerli sind gebacken und getrocknet. Wir wollen sie verschenken, doch wie verpacken? Die einfachste Verpackung ist ein kleiner Gefrierbeutel (0,25 l). Mit einer schönen Schleife und einem Aufkleber (zum Beispiel Leckerli-Name und haltbar bis …) versehen und man hat schnell ein Mitbringsel gezaubert.

Zu Weihnachten nimmt man statt des Gefrierbeutels kleine Weihnachtsplätzchen-Beutel. Wird noch etwas dazugelegt, wie zum Beispiel drei bis vier Verkehrs-Hütchen, wie sie im Spielzeugladen erhältlich sind und die ideal zum Slalomüben geeignet sind, ist ein liebevolles Geschenk fertig.

Sie haben eben Leckerli gebacken und sind bei einer Hundefreundin eingeladen, doch die Leckerli sind noch nicht durchgetrocknet? Kein Problem, wenn Sie die Leckerli in einen kleinen Baumwollbeutel legen. Hiefür brauchen Sie ein 20 x 20 cm großes Baumwollstoffstück. Nähen Sie alle Kanten nach links um, sodass der Stoff nicht ausfransen kann. Dann mit der Außenseite übereinander legen und von links an einer kurzen und der langen Seite zunähen. Dann den Beutel wenden. Die Leckerli locker in den Baumwollbeutel legen und mit einem schönem Geschenkband zubinden. Tipp: Ich mache mir immer ein paar Baumwollbeutel im Voraus, dann bin ich gut vorbereitet.

Vielleicht möchten Sie die selbst gebackenen Leckerli auch in einem selbst angefertigten Behälter verschenken. Dazu eignen sich Kunststoffschüsseln (oder Eimerchen) mit Deckel oder gesäuberte Dosen. Als Schutz vor Verletzungen wird der offene Rand, der häufig ziemlich scharf sein kann, mit einem 5 cm breiten Gewebeband beklebt. Da Dosen genormt sind, gibt es passende Deckel zum Beispiel bei Ihrem Metzger oder im Tierbedarfhandel. Gesäuberte Lebensmittelgläser mit Schraubverschluss sind auch wunderbar geeignet.

Ich mache mir am Computer dann selbst Aufkleber dafür. Man kann sie aber auch mit der Hand malen und beschriften.

Nun klebe ich doppelseitiges Fußboden-Klebeband (5 cm breit) auf die Rückseite. Dann schneide ich mit einer beschichteten Schere (gibt es im Bastelbedarf) den Aufkleber aus und befestige ihn an meinem ausgewählten Behältnis.

Bei Lebensmittelgläsern ist der Schraubverschluss oft bedruckt. Schneiden Sie dann einfach ein Viereck (doppelt so groß wie der Durchmesser des Schraubverschlusses) aus einem Stoffrest aus. Er sollte aber nicht zu dick sein. Falten Sie den Stoff dreimal zusammen und schneiden die überstehenden Ecken ab. Kleben Sie nun ein Stück doppelseitiges Klebeband auf den Schraubdeckel, ziehen Sie die Schutzschicht ab, legen Ihr ausgeschnittenes Stoffstück mittig auf den Deckel und drücken es fest. Mit einem Gummiring, in der Farbe des Stoffes oder des Bandes, fixieren Sie den Stoff über dem Deckel. Jetzt noch ein schönes Bändchen um den Rand, ein Hundespielzeug dazu und fertig ist Ihr Geschenk.

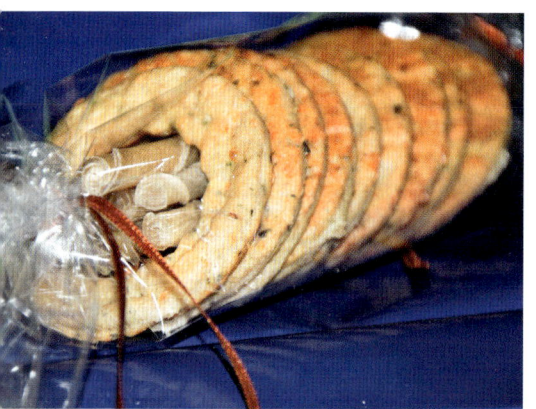

Hunde freuen sich auch sehr darüber, wenn die Leckerli etwas größer ausfallen und als Verpackung für Büffelhaut-Stäbchen verwendet werden. Dazu brauchen Sie gebackene Ringe aus Leckerli-Teig. Es eignen sich vor allem sehr fein pürierte Teige (da sonst die fertigen Ringe leicht brechen) wie zum Beispiel Makrelen-Verführung, Paprika-Leber, Putenquadrat, Fisch-Mais-Häppchen, Gemüse zum Knabbern und Leichter Knapper-Genuss.

Mit einem Wein- und einem Schnapsglas werden Ringe aus dem ausgerollten Teig ausgestochen. Nun wird der nicht benötigte Teig rund um die Ringe und im Inneren entfernt, sodass die Ringe auf dem Backpapier liegen bleiben. Nach Anleitung backen und trocknen. Dann die Ringe auf Büffelhaut-Stäbchen fädeln und in Geschenk-Klarsichtfolie mit zwei Geschenkbändern verpacken.

Hütchen-Spiel

Das Hütchen-Spiel ist schnell und einfach herzustellen. Es eignet sich für alle Hunde in jedem Alter, für drinnen wie draußen und macht riesigen Spaß, da die Nase des Hundes gefordert wird und die Belohnung sofort erfolgt.

Wenn das Spiel beendet wird, sollten Becher und Leckerli weggeräumt werden. So bleibt das Spiel interessant und der Hund kann sich nicht an den Bechern verbeißen.

Sie brauchen dazu selbst gebackene Leckerli. Durch verschiedene
58 Sorten erlebt der Hund ein variables Geruchs- und Geschmackserlebnis.

Weiterhin benötigen Sie ein fest schließendes Behältnis sowie fünf bis acht Kunststoffbecher, zum Beispiel kleine Blumenübertöpfe, Zahnputzbecher oder Trinkbecher (nicht durchsichtig). Der Kunststoff sollte nicht brüchig und nicht zu weich sein.

Nett eingepackt und mit einer kurzen Anleitung, vielleicht gemalt, freuen sich jeder Hund und sein Frauchen und/oder Herrchen über das Geschenk.

Leckerli mit Hundeleine

Wer einen Hund hat, benötigt auch eine Hundeleine. Eine Hundeleine, die es nicht zu kaufen gibt, ist dann etwas ganz Besonderes, entweder für einen Freund, aber auch für einen selbst.

An Material für eine Ausbildungsleine von 1 bis 1,2 Meter Länge (für kleinere Hunde etwas länger herstellen) brauchen Sie 1,25 bis 1,45 Meter Reep-Seil. Das gibt es in vielen Stär-

ken und Farben in Sportgeschäften als Meterware und kann auch im Internet bestellt werden. Für kleinere Hunde ist eine Seilstärke von 6 bis 7 mm, für größere von 8 bis 12 mm zu empfehlen. Weiterhin benötigt man einen Bolzenhaken aus Metall, wobei dessen Größe nach Größe und Gewicht des Hundes gewählt wird. Je kleiner der Hund ist, desto kleiner sollte der Bolzenhaken sein.

Für sehr große und kräftige Hunde sollten Sie einen Haken mit entsprechender Zugkraftangabe kaufen. Bolzenhaken gibt es in Baumärkten, Eisenwarenhandlungen und sind auch im Internet zu bestellen. Nun brauchen Sie noch einen Zwirn, am besten in der Farbe des Reep-Seils, eine Nadel, ein Feuerzeug und zwei 3 bis 5 cm lange (je nach Seilstärke) Schrumpfschlauch-Stücke in etwa der doppelten Durchmessergröße wie das gewählte Seil. Als Beispiel: Seil-Durchmesser 6 mm, Schrumpfschlauch-Durchmesser etwa 10 bis 12 mm (1:2). Schrumpfschläuche zählen zu den Elektroartikeln und werden im Baumarkt (meist in Schwarz) oder im Elektrohandel (in verschiedenen Farben) angeboten.

Schneiden Sie zunächst das Seil auf die gewünschte Länge zurecht. Schmelzen Sie die Enden mit dem Feuerzeug etwas an, damit sie später nicht aufspringen. Nun wird ein Schrumpfschlauchstück je Seilende aufgefädelt, ebenso der Bolzenhaken. Das Seil nun etwa 2 bis 4 cm umlegen und **59**

mit Zwirn gut festnähen. Auf der andere Seite für die Handschlaufe etwa 20 cm von dem Seil umlegen und mit Zwirn auf eine Länge von 2 bis 4 cm auch gut festnähen.

Ziehen Sie nun die Schrumpfschlauchstücke über die vernähten Seilenden und halten Sie das Feuerzeug im Abstand unter die Schrumpfschlauchstücke, um mit der Flamme die Schlauchstücke zu erwärmen. Drehen Sie dabei die Leine mit dem Schrumpfschlauch etwas, sodass die Wärme des Feuerzeuges den Schrumpfschlauch gleichmäßig zusammenzieht.

Achtung: Der Bolzenhaken wird heiß und die Flamme sollte man nicht zu nahandieLeinehalten,sonstkönnenSeilundSchrumpfschlauchverbrennen.

Zusammen mit einem Beutel mit selbstgebackenen Leckerli haben Sie ein ganz persönliches Geschenk fertig.

Tipp

Wenn man ein kleines Wäschenetz zum Geschenk legt, kann die Hundeleine problemlos in der Waschmaschine mitgewaschen werden.

Variante

In der dunklen Jahreszeit haben Hundebesitzer morgens und abends ein kleines Problem: Sie sehen ihren Hund sehr schlecht. Auch andere Personen wie Radfahrer oder Jogger sehen unseren Hund erst sehr spät. Ein leuchtendes Halsband würde dem Abhilfe schaffen.

Schauen Sie im Sportgeschäft doch nach LED-Armbinden für Jogger und Wanderer (im Herbst haben große Handelsketten diese meist im Angebot). In der Packung sind immer zwei Armbinden enthalten. Diese Armbinden sind reflektierend und die LED können zugeschaltet werden. Sie eignen sich hervorragend als Hundehalsung als Ergänzung zum norma

len Halsband. Da die Armbinden mit Klettverschluss ausgerüstet sind, lassen sie sich leicht anbringen. Für einen kleinen Hund langt eine Armbinde, für meine mittelgroßen Hunde setze ich ein Stück Klettband ein und für große Hunde werden einfach beide Armbinden aneinandergelegt. Dies geht mithilfe des Klettbands der Armbinden ganz einfach.

Leckerli-Beutel für unterwegs

Oft weiß man nicht, wohin mit den Leckerli. Gerade im Sommer möchte man so wenig wie möglich mitnehmen. Ein kleiner Beutel, in den die Leckerli passen, der sich leicht am Gürtel oder der Schlaufe einer Hose befestigen und auch schnell wieder lösen lässt, wäre schön.

Hierfür brauchen Sie:

- ein Stück nicht zu dicken Stoff, etwa 35 x 30 cm groß
- ein Stück Kordel, 60 cm lang (sollte nicht färben, so kann der Leckerli-Beutel mitgewaschen werden)
- ein Kordelstopper (gibt es im Nähbedarf oder man trennt ihn von einer alten Jacke ab)
- 8 cm Klettband feste Seite
- 12 cm Klettband weiche Seite
- Nähgarn in der Farbe des Stoffes
- eine Nähnadel, wenn Sie den Beutel mit der Hand nähen, oder eine Nähmaschine
- eine Schere
- eine Sicherheitsnadel
- Stecknadeln

Legen Sie den Stoff an der langen Seite mittig zusammen, sodass die Innenseite (linke Seite) des Stoffes oben liegt und ein Rechteck von 30 x 17,5 cm entsteht. Fixieren Sie den Stoff mit Stecknadeln. Nähen Sie den Stoff an zwei Seiten und an der dritten Seite zur Hälfte zusammen. Die Naht sollte etwa 0,5 cm vom Rand entfernt sein. Entfernen Sie die Stecknadeln und wenden Sie den Stoff. Jetzt ist die Außenseite des Stoffes zu sehen.

Nähen Sie nun den offenen Schlitz zu (Stoffkanten nach innen). Legen Sie an einer langen Seite den Stoff etwa 1,5 cm um, fixieren Sie ihn mit Stecknadeln und nähen Sie ihn so fest, dass eine Kordel mit Sicherheitsnadel durch den entstandenen kleinen Schlauch passt.

Nähen Sie nun auf der anderen Seite mittig das 8 cm feste Klettband (Häkchen nach oben) an. Achten Sie darauf, dass der Durchlass für die Kordel nicht zugenäht wird. Dann nähen Sie weiches Klettband am oberen Ansatz (das ist die Seite, wo die Kordel durchläuft) etwa 1,5 cm mit der Klettseite nach oben fest. Bitte auch hier darauf achten, dass der Durchlass für die Kordel nicht zugenäht wird. Das überstehende Teil soll Richtung Kordel zeigen.

Nun befestigen Sie die Sicherheitsnadel an der Kordel und ziehen beides durch den kleinen Schlauch. Nun den Stoff mittig an der langen Seite so aufeinander legen, dass das Klettband innen liegt, und zusammennähen. Die Seite entgegen der Kordel zweimal übereinander legen und zusammennähen. Dann den Beutel wenden, den Kordelstopper über beide Enden der Kordel ziehen und die Kordelenden verknoten. Fertig!

Ein selbst genähter Beutel mit selbst gebackenen Leckerli und ein netter Gruß dazu – wer freut sich nicht über dieses Geschenk?

Strandset für Hunde

Ich nenne es Strandset, weil für mich Badehandtuch und Pommes einfach am Strand zusammengehören, denn nach dem Schwimmen habe ich immer Appetit auf Pommes.

Sie brauchen ein Hand- oder ein Duschtuch, je nach Größe des Hundes, aus Baumwolle (schauen Sie doch einmal nach Angeboten). Schön ist es, wenn mit speziellen Druckfolien (gibt es im Büro- und Bastelbedarf) der Name oder ein Foto des Hundes auf eine Ecke des Badetuchs aufgebügelt ist. Beim Ausdrucken sollte man beim Druckvorgang auf Spiegelung stellen. Das Aufbügeln erfolgt dann nach den Angaben des Druckfolienherstellers.

Für die Pommes-Tüte brauchen Sie:
- 1 Blatt Papier DIN A4, weiß, bedruckt oder bemalt
- Klarsichtbeutel, Größe 3 bis 4 Liter
- eine Schere
- Zwirn und Nadel
- Stecknadeln
- ein Lineal
- einen Stift
- selbstgemachte Leckerli (zwei bis drei Handvoll), Größe 1 x 4 cm
- eine schöne Kordel

Das Blatt Papier wird an der langen Seite mittig zusammengefaltet. Zeichnen Sie mit Stift und Lineal einen diagonalen Strich auf das zusammengelegte Blatt. Der Klarsichtbeutel wird in das gefaltete Blatt eingelegt (geschlossene Seite bündig mit Blattkante unten, sodass der Beutel oben sehr weit herausschaut) und mit Stecknadeln an der offenen Seite des Papiers fixiert.

Nun vernähen Sie mit Nadel und Zwirn entlang des Striches Blatt und Beutel. Mit der Schere im Abstand von 0,5 cm zur Naht die offene Blattseite und den Beutel (beim Schnittverlauf bleiben, sodass der Beutel oben aus dem zusammengenähten Blatt herausschaut) abschneiden. Leckerli in die fertige Pommes-Tüte füllen und mit einer Kordel den Beutel schließen.

Legen Sie Handtuch, Hunde-Pommes-Tüte und ein schwimmfähiges Bringsel (Dummy, Kong) in eine Geschenktasche und Sie haben ein persönliches Geschenk, das bestimmt sehr gut ankommt.

Für Freunde, die gern backen

Ihre Freundin oder Ihr Freund steht gern am Herd und hat einen Hund? Warum nicht zu den selbst gebackenen Leckerli dieses Buch schenken? Legen Sie dann noch einige Zutaten hinzu wie zum Beispiel Biomehl, Trockenhefe und Hilfsmittel wie Pizzaschneider, Messlöffel oder Messbecher. Ein Küchenhandtuch und Topflappen werden auch immer gebraucht. Alles zusammen in einem Korb arrangieren – und mit einem netten Gruß auf einer dekorativen Karte haben Sie ein wunderbares Geschenk.

Literatur

Cremer, Monika und Faller, Silvia: **Pizza, Quiche und Tarte**.
Naumann & Göbel, Köln 1999.
Meyer, Helmut und Zentek, Jürgen: **Hunde richtig füttern**.
Ulmer Verlag, Stuttgart 2004.
Rauth-Widmann, Brigitte: **Wenn Hunde kochen könnten**.
Cadmos Verlag, Brunsbek 2005.
Schwab, Monika: **Labrador Retriever – Der Apportierer aus
Leidenschaft**, Oertel+Spörer, Reutlingen 2010.
Gastroenterologische Gemeinschaftspraxis am Germania-Campus:
Glutenfreie Ernährung. Münster.
Wolff, Hans-Günther: **Unsere Hunde – gesund durch
Homöopathie**. Sonntag Verlag, Stuttgart 2002.